Eine Zeitreise in Ihr Geburtsjahr

Jedes Jahr bringt neue technische Erfindungen, Gadgets, Highlights und Flops mit sich. Gerne erinnern wir uns zurück an die technischen Spielzeuge aus unseren Kindheitstagen, aber auch an die bahnbrechenden Entdeckungen und Produkteinführungen, die das Leben für immer veränderten.

1978 war ein ganz besonderes Jahr. Boris Hänßler zeigt Ihnen, welche technischen Spielzeuge damals die Kinderzimmer beherrschten und wie digitale Produkte Einzug in den Alltag hielten.

Liebes Geburtstagskind, ...

1978 * TECHNIK AUS DEINEM GEBURTSJAHR * FRANZIS

1978

FRANZIS * 1978 * TECHNIK AUS DEINEM GEBURTSJAHR

1978

Inhaltsverzeichnis

1978 – das Jahr der Gegensätze

Ich fuhr mit meinen Eltern im Auto über eine Landstraße und sah einen roten, verbeulten Peugeot, der am Waldrand abgestellt war. Mein Vater sagte, es bestünde der Verdacht, dass es sich um das verlassene Auto eines untergetauchten RAF-Terroristen handelte. Woraufhin ich ihn ängstlich fragte: »Papa, was sind Terroristen?« Auf seine Antwort folgten mehrere schlaflose Nächte, in denen ich von Sprengstoffanschlägen träumte. Diese Erinnerung beschreibt ungefähr die politische Stimmung im Jahr 1978: Es war Kalter Krieg, es hieß West gegen Ost, Kapitalismus gegen Kommunismus, Gut gegen Böse.

Aber es war auch das Jahr, in dem gefeiert und getanzt wurde: das Jahr von ABBA, John Travolta, Olivia Newton-John und den Bee Gees. Es war das Jahr des Punkrocks, des deutschen Handballs und der großen Kinoträume. Es war das Geburtsjahr des modernen Videospiels, obwohl Computer noch nicht für das heimische Wohnzimmer geeignet waren. Der Urgroßvater der heutigen sozialen Medien wurde erfunden, und bei Videorekordern herrschte ein legendärer Formatkrieg – VHS war noch ein System von vielen.

Aber der Reihe nach.

Bei meinen Recherchen zum Jahr 1978 fand ich ein Foto. Darauf sind drei Männer zu sehen, die in Ostberlin vor den Augen einiger gelangweilter Jugendlicher einen Fernschreiber in einen Lastwagen hieven. Ein Mann hat eine Zigarette im Mund – es herrscht keine Eile. Was wie ein alltäglicher Umzug aussieht, ist die Folge einer größeren politischen Missstimmung: Die Möbel stammten aus dem Ostberliner Büro des Magazins »DER SPIEGEL«. Die DDR-Führung hatte kurz zuvor beschlossen, die Journalisten auszuweisen. Der SPIEGEL hatte einige Tage zuvor ein kritisches Manifest veröffentlicht, in dem einige wissenschaftliche Berater des DDR-Regimes der SED-Führung Korruption und Vetternwirtschaft vorwarfen. Die SED verweigerte daraufhin sogar dem damaligen CDU-Vorsitzenden Helmut Kohl die Einreise. Und dies war nur eine der vielen Reibereien zwischen Ost und West im Jahr 1978.

Der Bundeskanzler hieß Helmut Schmidt. Er führte eine sozialliberale Koalition an. Sein Stellvertreter und Außenminister war Hans-Dietrich Genscher. Verteidigungsminister Georg Leber räumte im Frühjahr 1978 seinen Posten, weil seine Sekretärin fälschlicherweise vom Militärischen Abschirmdienst der Spionage verdächtigt und überwacht wurde. Ebenso wurde der Kommunistische Bund Westdeutschland illegalerweise überwacht – beides will Leber nicht gewusst haben, und selbst als er es dann wusste, verschwieg er die Aktionen, bis die Medien davon Wind bekamen. Im Juni trat auch Verteidigungsminister Werner Maihofer zurück, weil das Bundesamt für Verfassungsschutz wiederum den Umweltforscher Klaus Traube illegal überwacht hatte – ihm wurde zu viel Nähe zur Roten Armee Fraktion (RAF) unterstellt.

Die RAF verbreitete 1978 noch reichlich Angst. Ein Jahr zuvor hatten sich die in Stuttgart-Stammheim inhaftierten RAF-Anführer das Leben genommen. 1978 folgte daraufhin ein höchst umstrittenes Antiterrorgesetz, das der Bundestag mit nur einer Stimme Mehrheit verabschieden konnte. Es erlaubte Fahndern, bei Terrorverdacht ganze Häuser zu durchsuchen statt einzelner Wohnungen. Die Fahnder konnten zudem an öffentlichen Orten Kontrollstellen einrichten, an denen sich jeder Bürger ausweisen musste. Zudem durften Anwälte von Terroristen nur noch über Trennwände mit ihren Klienten kommunizieren – und sie konnten leichter von Prozessen ausgeschlossen werden.

In Turin lief 1978 ein spektakulärer Prozess gegen 46 Mitglieder der terroristischen Roten Brigaden, darunter Renato Curcio, der die Gruppe 1970 als Student gegründet hatte. Die Brigaden hatten Anfang 1978 den ehemaligen italienischen Ministerpräsidenten Aldo Moro entführt und am 9. Mai ermordet. Die Angeklagten saßen beim Prozess aus Sicherheitsgründen wie Hühner in Gitterkäfigen. 29 von ihnen wurden zu Gefängnisstrafen zwischen 5 und 15 Jahren verurteilt.

In Afghanistan kam es im April zu einem Militärputsch durch die kommunistische afghanische Volkspartei. Der diktatorisch regierende Staatschef Mohammed Daoud Khan hatte sich zuvor zunehmend von der Sowjetunion distanziert und sich gen Iran und Saudi-Arabien gewandt.

Er wurde bei dem Putsch getötet. Der neue Machthaber Nur Muhammad Taraki ließ zahlreiche Politiker und Beamte verhaften. Zudem führte er eine Landreform ein, um Großgrundbesitzer zu enteignen. Afghanistan suchte somit wieder die Nähe zu Moskau und dem dortigen Parteichef Leonid Iljitsch Breschnew.

Der gesundheitlich angeschlagene, aber noch immer trinkfeste Breschnew kam im Mai 1978 zu seinem zweiten Staatsbesuch nach Bonn – der erste lag fünf Jahre zurück. Bundespräsident Walter Scheel sprach von einem historischen Ereignis, die Presse stimmte dem allerdings nicht zu. Auch wenn Breschnew betonte, dass ihm die Erhaltung des Friedens am Herzen läge, so war der Besuch vor allem ein wirtschaftspolitischer Schachzug. Deutschland und die Sowjetunion vereinbarten einen Kooperationsvertrag für Industrieanlagen und Rohstoffe.

International herrschte weiterhin ein eher düsteres Bild: In Chile war der Despot Pinochet an der Macht, auf den Philippinen herrschte Ferdinand Marcos, in Jugoslawien Josip Broz Tito sowie in Rumänien Nicolae Ceaușescu. Der persische Schah Mohammad Reza Pahlavi stand kurz vor dem Sturz, ebenso Pol Pot in Kambodscha, wo die vietnamesische Armee im Dezember einmarschierte.

Darüber hinaus besetzten Israels Truppen für zwölf Wochen den Libanon. Es war als Strafaktion gedacht, da einige Palästinenser vom Libanon aus ein terroristisches Attentat auf Tel Aviv organisiert hatten. Immerhin gab es eine positive Nachricht an einer anderen israelischen Front: Im September initiierte der amerikanische Präsident Jimmy Carter in Camp David ein Gespräch zwischen Israel und Ägypten, das in einem Friedensvertrag mündete. Die Verhandlungsführer Anwar as-Sadat und Menachem Begin erhielten im selben Jahr den Friedensnobelpreis.

In Deutschland sorgte derweil eine weitere Abhöraktion, in diesem Fall gegen den CSU-Vorsitzenden Franz Josef Strauß, für Unruhe. Strauß wurde verdächtigt, in die sogenannte Lockheed-Affäre verwickelt gewesen zu sein. Bei der Bundeswehr waren seit 1960 mehrere Hundert Abfangjäger des Typs »Starfighter« im Einsatz, obwohl aufgrund technischer Probleme

108 deutsche Piloten mit den Maschinen verunglückt waren. Strauß soll sich für die Anschaffung der Starfighters eingesetzt und dafür Schmiergelder kassiert haben. Bewiesen wurde das nie, jedoch wurde ein Telefonat zwischen Strauß und der Redaktion des CSU-Blatts Bayernkurier abgehört, und das Protokoll davon wurde der Süddeutschen Zeitung zugespielt. Erst Jahre später gab es Hinweise darauf, dass der DDR-Geheimdienst hinter der Aktion steckte, um Strauß zu diskreditieren.

Neben der Lockheed-Affäre gab es 1978 noch die Filbinger-Affäre: Baden-Württembergs Ministerpräsident Hans Filbinger musste zurücktreten, als einige Todesurteile bekannt wurden, die er als Marinerichter im Dienst der Nationalsozialisten gefällt hatte.

Für Ängste sorgte in Deutschland auch die frühe Digitalisierung: Gewerkschaften waren beunruhigt, weil viele Druckereien Computer einsetzten und damit neue Arbeitsstrukturen schufen. Traditionell ausgebildete Drucker waren nicht mehr gefragt. Es waren erste Hinweise darauf, wie die Digitalisierung die Verlagsbranche verändern sollte.

Aus dem südamerikanischen Guyana kam zum Jahresende eine schreckliche Nachricht: Die Mitglieder der Sekte Peoples Temple hatten auf Anweisung ihres fanatischen Anführers Jim Jones Massenselbstmord begangen. Sie hatten Zyankali eingenommen. Mindestens 900 Menschen kamen ums Leben. Das war jedoch nicht die einzige Katastrophe im Jahr 1978: Nachdem im April bei einem Erdbeben in Griechenland etwa 40 Menschen ums Leben gekommen waren, erschütterte ein noch schlimmeres Beben im September den Iran. Etwa 25.000 Menschen starben. Im gleichen Monat verwüstete eine Flutkatastrophe Indien – dort gab es etwa 1.000 Todesopfer. Schließlich zerbrach in Frankreich der Tanker Amoco Cadiz und setzte in Küstennähe etwa 223.000 Tonnen Öl frei – mit verheerenden Folgen für die Umwelt.

Etwas Seltsames geschah 1978 im Vatikan: Die katholische Kirche musste innerhalb weniger Monate mit drei Päpsten zurechtkommen. Im August starb nach 15-jährigem Pontifikat Papst Paul VI. Sein Nachfolger war der liberale Patriarch von Venedig, Albino Luciani, als Johannes

Paul I., im Volksmund »Papst des Lächelns« genannt. Aber schon im September starb auch er, und so kam ein 58-jähriger Pole an die Macht, der 26 Jahre lang ausharren sollte: Karol Wojtyla, Erzbischof von Krakau, Papst Johannes Paul II.

Sehr zum Missfallen vermutlich aller Päpste kam am 25. Juli 1978 die Britin Louise Brown zur Welt – das Missfallen galt weniger der Geburt als vielmehr der Zeugungsumstände. Sie war das erste Retortenbaby der Welt, eine Folge künstlicher Befruchtung. Sie führt bis heute ein unspektakuläres Leben, nur dass sie in ihren ersten Lebensjahren Hassbriefe erhielt und heute, 40 Jahre später, noch immer von Internet-Trollen belästigt wird. Johannes Paul I. verurteilte die Eltern freilich nicht, kritisierte aber die Idee der künstlichen Befruchtung, da Frauen Gefahr liefen, zu »Babyfabriken« degradiert zu werden.

Der Stern brachte 1978 eine Reihe von Titelbildern mit halbnackten Frauen in die Kioske. Insbesondere ein Foto der nackten Grace Jones, die in Ketten gelegt mit einem Mikrofon abgebildet war, führte zu einer Sexismus-Klage, initiiert von Alice Schwarzer sowie unter anderem der Schauspielerin Inge Meysel, der Schriftstellerin Luise Rinser und der Psychoanalytikerin Margarete Mitscherlich. Das Landgericht Hamburg wies die Klage mit der Begründung ab, dass Frauen als Kollektiv nicht beleidigungsfähig seien.

Zeitgleich wurden in Deutschland Kämpfe ausgetragen, bei denen es um die schwammige Grenze zwischen sexueller Freiheit und Zensur ging. Im Januar beschlagnahmte die Münchner Staatsanwaltschaft den bizarren belgischen Film »Vase de Noces«, in dem sich ein Mann an einem Schwein verging. Die Justiz hatte ihre Schwierigkeiten mit dem Begriff »Pornografie« – die war nämlich nicht erlaubt, sofern sie den sexuellen Anstand der Gesellschaft überschreite. Was das bedeuten sollte, wurde anhand von Werken wie Nagisa Oshimas »Im Reich der Sinne« und Pier Paolo Pasolinis »Die 120 Tage von Sodom« ausgiebig debattiert – beide Filme wurden als Kunstwerke zugelassen, doch hing es oft vom zuständigen Amtsgericht ab, wie viel künstlerische Freiheit als noch anständig galt. In den USA wurde 1978 die radikal-feministische Bewegung

»Women Against Pornography« gegründet, die gegen die Sexindustrie protestierte, aber auch mit Kämpfern für künstlerische Freiheit und sexpositivem Feminismus in Konflikt geriet.

1978 war kulturell ein vielseitiges Jahr. Für Aufsehen sorgte das vom Stern herausgegebene Buch »Wir Kinder vom Bahnhof Zoo«, das drei Jahre später verfilmt werden sollte. Von Sebastian Haffner, ein Pseudonym von Raimund Pretzel, erschien der preisgekrönte Essay »Anmerkungen zu Hitler«. Auf den Bestsellerlisten standen ansonsten »Hurra, wir leben noch« von Johannes Mario Simmel, »Ein fliehendes Pferd« von Martin Walser und Loriots »Wum und Wendelin«. In den Top Ten war mit Alex Haleys »Wurzeln« nur ein nicht deutschsprachiger Autor vertreten, und dessen Erfolg war vor allem der gleichnamigen TV-Serie zu verdanken, die im deutschen Fernsehen gezeigt wurde.

Ansonsten waren im Fernsehen Kinderserien wie »Heidi« und Astrid Lindgrens »Michel aus Lönneberga« populär – Lindgren erhielt 1978 auch den Friedenspreis des Deutschen Buchhandels. »Pan Tau«, der skurrile Mann mit dem Hut, feierte 1978 seinen TV-Abschied. »Klimbim« lief noch bis 1979. Unsere Eltern schauten ansonsten gern die noch junge Serie »Der Alte«, während »Derrick« bereits sein viertes Dienstjahr feierte. Der »Tatort« war seit 1970 auf Sendung. »Dalli Dalli«, »Was bin ich?«, »Der große Preis« und »Am laufenden Band« waren ebenso populär wie die seit 1977 durchs ZDF tobende »Muppet Show«. Am 2. Januar 1978 strahlte die ARD zum ersten Mal eine neue Sendung aus: die »Tagesthemen« mit Klaus Stephan, Wolf von Lojewski und Alexander von Bentheim.

Der Maler Jörg Immendorff malte 1978 sein »Café Deutschland«, eine Reihe von Werken über die deutsche Teilung und den Ost-West-Konflikt – realistisch-expressive, schrille oder grellfarbige, teils comicartige Acryl- und Ölbilder auf Großleinwänden, wie es ein Autor des Kulturmagazins »Rheinische Art« ausdrückte.

In der Musik gab es derweil zwei Trends: Zum einen breitete sich der Punk immer weiter aus. Zum anderen herrschte Disco-Fieber, was vor allem dem Film »Saturday Night Fever« zu verdanken war. Als er 1978 in die deutschen Kinos kam, hatten alle das Bedürfnis, wie John Travolta die Hüften zu schwingen, zumal er bereits mit »Grease«« in den USA nachgelegt hatte. Die Gruppe ABBA kam mit dem 1977 gedrehten »ABBA – der Film« in die deutschen Kinos. Frank Farian sprang derweil mit seiner Kreation Boney M. erfolgreich auf den Disco-Zug auf. Und Bob Dylan trat 1978 zum ersten Mal in Deutschland auf – zweimal in Dortmund und einmal in Nürnberg. Im selben Jahr bekannte er sich überraschend zum evangelikalen Christentum.

Das Kino beherrschten ansonsten vor allem zwei Filmemacher: Steven Spielberg sorgte für eine »Unheimliche Begegnung der dritten Art«, und George Lucas führte den ersten »Krieg der Sterne« auf. Da vergisst man leicht, dass auch Christopher Reeve als »Superman« die Kinokassen klingeln ließ. Ebenfalls erfolgreich war die Verfilmung von Agatha Christies »Tod auf dem Nil« mit Peter Ustinov als Hercule Poirot und – wenn auch von Kritikern nicht sonderlich geliebt – »Der weiße Hai 2«. Den Oscar für den besten Film und die beste Regie erhielt allerdings Woody Allen für »Der Stadtneurotiker«. Beste Hauptdarstellerin wurde Diane Keaton aus demselben Film, den Oscar für den besten Darsteller erhielt Richard Dreyfuss für »Der Untermieter«. Nicht zu vergessen: John Carpenters »Halloween – Die Nacht des Grauens« leitete 1978 mit dem Slasher-Film ein neues Genre ein.

Der Deutsche Filmpreis ging an »Die gläserne Zelle« von Hans W. Geißendörfer. Als beste Regisseure wurden Rainer Werner Fassbinder mit »Despair – Eine Reise ins Licht« und Wim Wenders mit »Der amerikanische Freund« ausgezeichnet.

Außerhalb des Kinosaals lagen 1978 zwei junge Freizeitbeschäftigungen im Trend: Rollschuhlaufen und Squash. Für Schlagzeilen sorgten jedoch die klassischen Sportarten. So gewann die deutsche Handballnationalmannschaft mit Heiner Brand und Erhard Wunderlich überraschend die Weltmeisterschaft in einem dramatischen Finale gegen den Favoriten UdSSR mit 20:19. Die Deutschen hatten in den letzten Minuten beinahe einen Vier-Tore-Vorsprung vergeigt, retteten die knappe Führung aber bis zum Schlusspfiff. Es war der erste Titelgewinn des deutschen Teams seit dem Zweiten Weltkrieg und für knapp 30 Jahre auch der letzte.

Weniger gut lief es für die deutschen Fußballer bei der WM in Argentinien. Damals gab es eine zweite Gruppenrunde statt Viertelfinalspielen, und in dieser scheiterte die DFB-Auswahl nach zwei Unentschieden gegen Italien und die Niederlande sowie einem 2:3 gegen Österreich, der sogenannten Schmach von Córdoba. Missstimmung gab es zudem, weil Bundestrainer Helmut Schön ohne den 33-jährigen Kaiser Franz Beckenbauer antrat – der hatte von seinem Verein Cosmos New York keine Freigabe erhalten. Deutscher Meister wurde 1978 übrigens der 1. FC Köln – zum bis heute allerletzten Mal.

Bei der Weltmeisterschaft im Degenfechten in Hamburg gelang es dem Deutschen Alexander Pusch, den Titel zu holen. In der Formel 1 löste Mario Andretti aus den USA den amtierenden Weltmeister Niki Lauda ab. Im Tennis gelang dem Schweden Björn Borg 1978 der Sieg sowohl in Wimbledon als auch bei den French Open. Im Boxen schaffte Muhammad Ali kurz vor seinem Karriereende noch den Box-Hattrick – nach einem Sieg über Leon Spinks, gegen den er wenige Monate zuvor überraschend verloren hatte, gewann er zum dritten Mal den WM-Titel.

Eine ebenfalls sportliche Leistung gelang den österreichischen Bergsteigern Reinhold Messner und Peter Habeler, die am 8. Mai 1978 über die Südroute den Gipfel des Mount Everest erreichten– und zwar ohne Sauerstoffgeräte. Reinhard Karl war als erster Deutscher auf dem eisigen Gipfel dabei, wenn auch mit Sauerstoffflasche.

Eiskalt endete das alles andere als langweilige Jahr 1978 schließlich: mit einem außergewöhnlichen Schneesturm in Norddeutschland. Einige Ort, darunter die Insel Rügen, versanken so sehr im Schnee, dass sie zwei Tage isoliert waren. Weil die Menschen mit dem Schneeräumen nicht mehr hinterherkamen, baten sie die Bundeswehr um Hilfe. Diese wurde wiederum von der Sowjetarmee unterstützt – ein hoffnungsvolles, versöhnliches Bild zum Jahresende.

Angriff der Pixel-Aliens

Wipp, wipp, tschiu, tschiu – das war in etwa der typische Sound von »Space Invaders«. Bei diesem Videospiele-Klassiker für Spielhallen galt es, Aliens abzuschießen, die heute nicht einmal mehr als Emojis im Internet eine gute Figur machen würden: verpixelte kleine Wesen, die mal wie Käfer, mal wie Krabben, mal wie Beißzangen aussahen. 48 solcher Aliens in sechs Reihen schwebten über einer Laserkanone. Wir schossen sie ab, indem wir die Kanone horizontal hin- und herbewegten. Nach oben oder unten oder gar diagonal fliegen? Fehlanzeige. Das ging nicht. Und trotzdem war die Alien-Jagd die Geburt der goldenen Ära der Videospiele.

Bis dato hieß das bekannteste Spiel »Pong«: zwei Striche, die einen eckigen »Ball« hin- und herschlugen, bis ein grässliches Tröten einen Punktgewinn verkündete. Danach kam nichts Bahnbrechendes mehr in die Spielhallen. Mit »Gran Trak 10« hatte Atari zum Beispiel 1974 ein Game eingeführt, bei dem man mittels Lenkrad ein Auto durch ein mit weißen Strichen umrahmtes Labyrinth steuerte und sich dabei die Arme verrenkte. »Gun Fight« von 1975 war eine bizarre Pong-Variante, bei der die Spieler anstatt der zwei weißen Striche Cowboys hoch- und runtersteuerten und sich statt Bällen Kugeln um die Ohren schossen. Kakteen dienten als Deckung, und zur Auflockerung rollte ab und zu eine Kutsche durchs Bild.

»Space Invaders« sollte eine Variante des »Breakout«-Spielprinzips sein, bei dem man am Horizont schwebende Balken abräumte. Der japanische Entwickler Tomohiro Nishikado wollte zunächst statt Balken Flugzeuge als Gegner einführen, als Titel für sein Spiel schwebte ihm deshalb »Plane Invaders« vor. Zum Glück erinnerte er sich an das Buch »Krieg der Welten« von H. G. Wells, das ihn zu den Raumschiffen inspirierte. Die hatten den Vorteil, dass sie auf dem Bildschirm komisch aussehen durften: Bei Aliens würde es einen nicht irritieren, wenn ihre Bewegungen ruckartig und abgehackt wirkten, sagte Nishikado in einem Interview, und auch nicht, wenn sie immer mal wieder eine Reihe heruntersackten.

Die computergesteuerten Aliens machten das abstrakte Spiel-
prinzip plötzlich persönlich – man konnte mitfiebern und bekam
es mit der Angst zu tun. Mit der Zeit kamen die Aliens nämlich
näher, was von einem schneller werdenden Wop-wop-wop-Sound
begleitet wurde und den Spieler stresste, da es ein wenig so klang
wie der Monsterangriff in Steven Spielbergs Horrorklassiker »Der
weiße Hai«. Zudem war Space Invaders das erste Spiel, das einen
Highscore speicherte.

Die Firma Taito, die das Spiel vertrieb, hatte 1978 in Japan 100.000 Automaten davon aufgestellt. Es ging das Gerücht um, dass in ganz Japan die Münzen ausgingen, weil alle Japaner sie in die Maschinen steckten – was jedoch nicht stimmte. Es gab zudem die erste Diskussion darüber, ob Computerspiele Menschen dumm machten. Man erfand sogar den Begriff »Space-Invaders-Handgelenk« für Verspannungen, die der Steuerknüppel beim Spielen auslöste. Das alles trug dazu bei, dass die virtuelle Alien-Jagd eines der meistverkauften Entertainment-Produkte des Jahres wurde. Es erzielte fast so viel Umsatz wie der Film »Star Wars«. Für viele Menschen war es der erste Kontakt mit Videospielen – bis dahin galten Flipper als die coolsten Automaten.

Auch außerhalb der Spielewelt hinterließ Space Invaders einen bleibenden Eindruck. Das japanische Yellow Magic Orchestra verwendete den Sound aus dem Spiel in dem Song »Computer Game«. Auch die Band The Pretenders benannte einen Song danach, und in Kinofilmen wurde immer wieder Bezug auf das Spiel genommen, etwa in »Pixels«. Der französische Street-Art-Künstler »Invader« hatte inzwischen in über 60 Städten mehr als 3.000 Retro-Aliens in Form kleiner Bilder an öffentlichen Gebäuden auf die Menschheit losgelassen. Seit 1978 haben sich die Außerirdischen also trotz der Bemühungen mehrerer Generationen, sie abzuschießen, gewaltig ausgebreitet.

Hallo? Hallo? Bitte melden!

Im Jahr 1978 lief im amerikanischen Fernsehen der folgende Werbespot: Zu sehen ist ein Gerät, das sich ausklappen lässt wie frühe Mobiltelefone. Ein kleiner Junge zieht eine Antenne heraus. Im gleichen Moment ertönt im Video eine Musik, die dem Soundtrack von »Starsky & Hutch« entnommen sein könnte.

»Hier Batman, was gibt's?«, flüstert der Junge in das Gerät. Die Antwort kommt verrauscht: »Es ist der Joker«, sagt ein zweiter Junge, der hinter einem Gartentor aus Holz kniet. »Ich habe sein Versteck gefunden.« Die beiden Jungs schleichen sich an, von Gebüsch zu Gebüsch, ohne Sichtkontakt, aber mit den sogenannten Mego-Batman-Walkie-Talkies ausgerüstet. Einer der Jungs drückt auf einen Knopf, und aus dem Gerät des anderen heult daraufhin eine Sirene auf – keine besonders clevere Art, den Joker zu überraschen. Aber das spielte keine Rolle: Walkie-Talkies waren Abenteuer pur.

Walkie-Talkies waren keine Erfindung der 1970er-Jahre – aber erst Ende der 70er kamen sie in Kinderhände. Wie viele coole Geräte der Unterhaltungsbranche wurde auch dieses vom Militär etabliert. Erfunden hat es aber der Kanadier Donald Hings. Er war in einem fernen Wald in British Columbia unterwegs und konnte nur über ein kompliziertes Funksystem Kontakt zur Außenwelt herstellen – mit Mittelsmann und komplizierten Codes. In seiner Werkstatt vereinfachte Hings die Technik und ermöglichte die Sprachübertragung – das »Packset« war geboren. Daraus wurden später das »Handy-Talkie« und schließlich das Walkie-Talkie.

Zwischen hungrigen Hippos und Crash-Stuntmen

1978 war im Kinderzimmer einiges angesagt: Baukästen von Matador, Constri oder Plasticant, Fischertechnik, Garagen für Matchbox-Autos, Bonanzaräder für die Straße, Mikado-Stäbchen aus Plastik, Magna Doodle und Slime. Lego brachte seine liebevoll gestalteten Fabuland-Figuren heraus – eckige Körper mit Elefanten-, Krokodil- oder Robben-köpfen. Ein analoges Minecraft.

Sehr beliebt bei uns zu Hause war das Spiel Mastermind, das seit den 70ern in fast jedem Kinderzimmer zu finden war: ein spannendes Ratespiel, bei dem der eine Spieler vier farbige Kugeln versteckt ablegte, während der Gegner die Farbkombination erraten musste. Ich liebte es, mit kleinen Stecknadeln rechts daneben anzuzeigen, wie oft mein Bruder falsch (rot) oder richtig (weiß) lag. Es war, als korrigierte ich seine Mathe-Klausur.

Ein seltsames Abenteuer war 1978 auch die Playmobil-Reihe zum Aus-malen. Plötzlich waren einige Figuren nur noch weiß. Auf der Verpa-ckung einer Lego-Reitsportgruppe war zudem ein riesiger gelber Stift zu sehen, der damit drohte, Reiter und Pferd zu kolorieren. Das klappte nicht wirklich gut bei uns.

Viel länger beschäftigen konnten wir uns mit dem Wasser-Ringspiel von Tomy, das es in modernen Variationen heute noch gibt. Das Original war schlicht, aber herausfordernd: Ein Behälter war mit Wasser gefüllt, und in der Mitte waren zwei Plastikstäbe angebracht. Drückte man auf einen riesigen Knopf, schwebten in Zeitlupentempo bunte Plastikringe durchs Wasser. Die Kunst war es, sie auf die Stäbe zu hieven. Eine weitere Kunst bestand darin, das Kinderzimmer nicht unter Wasser zu setzen, denn häufig verlor man beim Spielen den Deckel, sodass das Wasser herausschwappte.

1978 war auch das Jahr, in dem die hungrigen Krokodile des amerikanischen Spieleentwicklers Fred Kroll als »Hungry Hungry Hippos« auf den Markt kamen und die Spielzimmer bis heute nicht verlassen haben. Damit wurde das sonst eher gemächliche Genre des Brettspiels zum Actionkracher. Nachdem in der Mitte Kugeln eingelassen wurden, ging es darum, mit dem Maul der Flusspferde möglichst viele diesen Kugeln zu schnappen, was dazu führte, dass das Spiel wackelte und man zum Berserker mutierte.

Außerdem brachte Mattel seine Big-Jim-Reihe weiter voran. Diese Actionfiguren schlugen sich seit Anfang der 70er-Jahre durch die Gefahren des Kinderzimmer-Dschungels, doch nun verfügten sie über Druckknöpfe auf dem Rücken, um zum Beispiel den rechten Arm für Karate-Übungen zu nutzen. Seit 1977 hatten die Figuren auch Greifhände und konnten besser mit Waffen umgehen, etwa Big Whip mit seiner Peitsche. Beim grüngesichtigen Zorak wechselte der Gesichtsausdruck per Druck vom »bösartigen Genie« zum »Hulk-ähnlichen Monster«.

Unvergessen war die Stuntfigur Evel Knievel, basierend auf dem echten Motorradstuntman. Kinder konnten die Figur mit Motorrad in eine rote Box stellen und per Kurbel aufziehen. Während der echte Knievel über 50 Autos sprang, raste der Spielzeug-Knievel bevorzugt im Kreis herum und kippte zur Seite.

Dennoch: Das 1978er-Spielzimmer würde uns noch heute die Herzen höher schlagen lassen.

Down Under mit Schubkarren

»Ich musste es einfach tun«, sagte Bob Hanley, ein 76-jähriger Australier, der 1977 auf die seltsame Idee kam, einen Schubkarren quer durch Australien zu schieben. 1978 beendete er sein Vorhaben und kam damit ins Guinness-Buch der Rekorde.

Bob hatte chronische Arthritis und eine schwache Lunge. Sein Arzt riet ihm, ein wenig kürzerzutreten, sonst würde er bald im Rollstuhl sitzen oder sterben. Bobs Reaktion war, stattdessen einen Schubkarren in die Hände zu nehmen, Wasserkanister, Essen, Kleidung und einen Aluminiumstuhl hineinzuwerfen und damit 14.000 km durchs Outback zu wandern – in Begleitung seiner Hunde Cindy und Tammy.

Die Reise begann in Sydney. Sie führte in den Norden über Mount Isa und Tennant Creek mitten durch den Kontinent nach Alice Springs, an die Küste nach Adelaide und wieder zurück nach Sydney. Die Nächte verbrachte der Wanderer am Campingfeuer.

Die Aktion kostete Bob 20 Paar Schuhe und 50 Paar Socken. Einmal unterbrach er die Reise wegen einer Lungenentzündung. Sein Hund Tammy brachte unterwegs Nachwuchs zur Welt. Als Bob wieder in Sydney ankam, hatte er seinen vorsichtigen Arzt überlebt.

Ein Porsche für alle Fälle

Die Autos im Jahr 1978 waren vor allem so eckig, als säße man im wahrsten Sinne des Wortes in einem Kasten. Die Farben waren gedämpft: In Anzeigen warb zum Beispiel Audi für sein mehrfach ausgezeichnetes Modell 100 in beige-brauner Farbe. Beliebt war auch gedämpftes Rot, gedämpftes Blau und makelloses Weiß – Farben und Formen, die man heute in alten Derrick-Folgen begutachten kann.

Zum europäischen Auto des Jahres wählten die Autojournalisten den Porsche 928, der bereits im Frühjahr 1977 auf der Genfer Automesse präsentiert worden war. Rennfahrer Walter Röhrl pries ihn als einen der besten Wagen aller Zeiten. Der 928 sollte den damals populären 911er-Porsche ablösen – was ihm allerdings nicht gelang. Die Presse lobte zwar, dass der neue Porsche auf langen Strecken sein Talent ausspielte, aber es wurden die schlechte Übersicht nach vorne sowie das mittelmäßige Kurven-Handling bemängelt.

Da stiegen viele 70er-Fahrer lieber in Geländewagen ein: Range Rover, Wagoneer, Ford Fiesta Tuareg oder Granada Kombi. Der Touareg kam in einem sportlichen Design mit orange-braunen Streifen daher und nahm damit schon den späteren GMC Sierra vorweg, in dem Serien-Stuntman Colt Seavers durch die Straßen der kommenden 1980er-Jahre poltern würde.

Herbie geht in Rente

Falls es so etwas wie das Kultauto schlechthin gibt, hat der VW Käfer gute Karten, diesen Titel einzuheimsen. Den niedlichen Namen gab ihm die New York Times, die 1938 spöttisch erklärte, in Kürze werde der deutsche Führer sein großes Netz an Autobahnen mit Tausenden und Abertausenden von glänzenden kleinen Käfern zupflastern. Aber erst als der Führer längst tot war, wurde der Käfer zum Massenprodukt und schließlich zum Dauerbestseller der 1950er- und 1960er-Jahre.

Im Ausland nannte man ihn fortan liebevoll »Coccinelle« (französisch für Marienkäfer) oder »Maggiolino« (italienisch für Maikäfer), und schon lange bevor David Hasselhoff in »Knight Rider« einen sprechenden Sportflitzer namens K.I.T.T. zum Kumpanen hatte, machte der Käfer als nicht minder schlauer Filmstar Herbie eine gute Figur – und zwar so gut, dass der menschliche Darsteller Dean Jones längst in Vergessenheit geraten ist. Herbie war frecher als KITT: Manchmal ließ er Öl an unanständigen Menschen ab.

Der echte Käfer brachte es sogar auf ein Plattencover der Beatles (»Abbey Road«). Aber obwohl sein kulturelles Nachleben bis heute andauert, hatten Autofahrer Ende der 1970er plötzlich genug von ihm – er musste dem praktischeren VW Golf Platz machen. Der letzte Käfer seiner Art lief am 19. Januar 1978 in Emden in der Farbe Dakotabeige mit Blumen verziert vom Band. Nur in Südafrika, Mexiko und Brasilien wurde er noch eine Zeitlang weitergebaut. Wir vermissen ihn.

Bleib easy, Rider

»Ich habe eine Zündapp«, sagten Jugendliche in den 1970ern. Heute würden ihre Nachfolger vermutlich fragen, ob dies eine Android- oder eine iOS-App sei. Damals gehörte die Zündapp aber fest zum deutschen Straßen-Inventar – ich sah in meinem Heimatort nicht wenige Jugendliche, die in ihren Höfen an einer 50er-Zündapp herumbohrten und sie auf knappe 100 km/h hochfrisierten. Der belgische Fahrer André Malherbe gewann mit einer Zündapp sogar zweimal die Motocross-Europameisterschaft.

Ende der 70er aber machten japanische Firmen der Zündapp zu schaffen. Honda, Kawasaki und Suzuki lieferten in nahezu allen Klassen die cooleren Zweiräder. Zudem galten die japanischen Zweiräder als nahezu nicht kaputt zu kriegen.

1978 trumpfte zum Beispiel Honda mit der CBX für erwachsene Biker auf. Das Motorrad war mit breitem, glanzvollem Sechs-Zylinder-Reihenmotor ausgestattet, der schon von Weitem in der Sonne blitzte. Und tatsächlich sah man die Maschine meist nur aus der Ferne, da sie die 0 auf 100 km/h in vier Sekunden schaffte. Honda löste damit sogar die Harleys auf amerikanischen Straßen ab – als sportliche und familiäre Alternative zum dreckigen Rocker-Image.

Es war auch das letzte Jahr, in dem stolze Jugendliche auf deutschen Straßen ihre Haare hinter sich im Wind fliegen ließen, nur mit einer Sonnenbrille vor den Augen. Seit 1978 gibt es in Deutschland die Helmpflicht für Mopedfahrer

Punk, Glamour und Hi-Fi

Es rumorte in England, es krachte, die Gitarren kreischten, und der SPIEGEL regte sich unter der Überschrift »Nadel im Ohr, Klinge im Hals« über »hässlich geschminkte Jugendliche« in »Müll-Klamotten« und »Hundeketten« auf. Keine Frage: 1978 war das Jahr des Punk. Die Bands hießen The Clash, Siouxie and the Banshees, Sham 69, Ramones, Blondie oder Avengers, während in Deutschland KFC, Kleenex und Mittagspause auf sich aufmerksam machten. Die Toten Hosen standen noch als ZK auf der Bühne.

Wer aber auf die meistverkauften Hits des Jahres blickt, könnte meinen, es wäre das Jahr des Glitzers gewesen. An der Spitze der Charts waren die Bee Gees, gefolgt von John Travolta & Olivia Newton-John, Boney M. und ABBA. Travolta in seinem weißen Anzug mit dem zur Discokugel ausgestreckten Arm – das war das Gegenstück zum Punk. Gemeinsam hatten beide Trends lediglich ihre Lautstärke. Die Boxen mussten dröhnen, damit die Rhythmen ins Blut gingen.

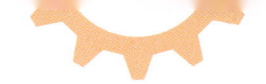

Entsprechend übertrumpften sich die Hersteller der Unterhaltungselektronik mit großen Stereosystemen, denen manch ein Papa im Wohnzimmer eine gesamte Querwand widmete. Pioneer warb 1978 entsprechend mit dem Spruch: »Wer sagt eigentlich, dass eine Hi-Fi-Kompaktanlage unbedingt in die Breite gehen muss statt Baustein für Baustein in die Höhe.«

Telefunken lieferte luxuriöse TLX-Boxen, Sony, Dual, Braun, Uher und JVC brachten »Baukästen« bestehend aus Radio, Plattenspieler und Receiver auf den Markt, ausgestattet mit unzähligen Schaltern, Knöpfen und Schiebereglern, damit man sich wie ein Producer in einem Tonstudio fühlte. Bei Sony dürfte man über den Trend zum Großen gelächelt haben, plante man doch bereits einen besonderen Coup, der im Folgejahr das Musikhören für immer verändern sollte: den ersten Walkman.

Schon 1978 war es für Jugendliche, noch ohne Walkman, eine existenzielle Frage, in welcher Reihenfolge sie ihre Mix-Tapes – meist BASF- und Agfa-Kompaktkassetten mit 60 oder 90 Minuten – bespielen sollten. Wunschsendungen im Radio waren dafür überlebenswichtig, denn man konnte sich schließlich nicht alle Platten leisten.

Der Schallplatte wurde 1978 ein herber Schlag versetzt: Philips und Sony kündigten die Einführung der CD an und legten in den Folgejahren die ersten Geräte dafür vor. Die bestverkaufte Vinyl-Single 1978 war übrigens trotz Punk und Disco das »Lied der Schlümpfe« von Vader Abraham. Wir damaligen Kinder haben das Lalala noch heute im Kopf.

Seltsame Erfindungen

Wer 1978 auf die Idee kam, mobil fernzusehen, als gäbe es schon Netflix, musste sich wohl oder übel mit einem Gerät wie dem Sony Tri-Star zufriedengeben. Es war der Versuch, dem heutigen Entertainment vorzugreifen: Ein Minibildschirm lieferte das über eine ausklappbare Antenne empfangbare Programm. Rechts daneben waren Schalter für den Radioempfang, und obendrauf pappte Sony das Kassettendeck, mit dem sich alles, Radio und Fernsehen, aufnehmen ließ – Letzteres ohne Bild. Ein Gerät ohne Starallüren, so warb Sony – man hätte es auch schlicht einen Flop nennen können.

Dabei war das kuriose Gerät noch eines der nützlicheren, die 1978 auf dem Markt waren. Die Firma Gaggenau brachte das Grillmobil heraus, eine Art grünen Schubkarren mit einem Fach für Salat, Soßen, Öl und Getränke, einem weiteren für Brot sowie Fleisch, und das Dach bildete der eigentliche Elektrogrill, auf dem gerade mal zwei Steaks Platz fanden. Der Grill war mit Lavasteinen gefüllt. Sogar eine Küchenrolle konnte man daneben einhängen. Es soll Leute gegeben haben, die das Teil wie einen Rasenmäher stolz durch den Garten schoben.

Der Regisseur Cy Endfield stellte 1978 einen Microwriter vor, ein Gerät, das eine Schreibmaschine auf sechs Tasten reduzieren sollte, und zwar für jeden Finger eine, nur für den Daumen gab es zwei. Das Computer-Keyboard sei zu kompliziert, erklärte Endfield. Deshalb machte er es noch komplizierter: Für jeden Buchstaben musste man bei dem Gerät eine Tastenkombination auswendig lernen. Die Kombination sollte grafisch an die äußere Erscheinung der Buchstaben erinnern. Beim Drücken machte das Gerät sanfte Knattergeräusche. Mehr konnte es allerdings nicht – weshalb es wenige Jahre später wieder verschwand. Anscheinend war das Bedürfnis, unterwegs etwas zu tippen, was man nicht einmal irgendwo hinschicken konnte, gering.

Rechnen war Fun

LIEBE und ESEL – wer von uns hat als Kind nicht versucht, auf einem Taschenrechner verschiedene Wörter zu formen, da die Rechnerei ja sonst ein wenig eintönig gewesen wäre. Der Taschenrechner, so unglaublich uns das heute vorkommt, war 1978 aber auch ein Statussymbol, wie das heutige Smartphone. Eine Werbeanzeige für die Frankfurter Allgemeine Zeitung zeigte damals den Businesskoffer des modernen Mannes: mit Kulis, Whiskeyflasche, F.A.Z., Apfel und Taschenrechner.

Es war faszinierend, was so kleine Geräte alles konnten, denn die Hersteller überboten sich mit Innovationen. Sharp brachte ein fünf Millimeter dünnes, hauchzartes Rechnerblatt auf den Markt für »Speicher, Wurzel und Prozent«, wie die Firma warb. Von Sharp gab es auch den Rechneruhrkalender, der einen Kalender (in den man allerdings nichts eintragen konnte), die Weltuhr, einen Wecker und eine Stoppuhr beinhaltete.

CMOS war ein Gerät von Hewlett-Packard, in dem ein »flüsterleiser« Drucker eingebaut war. Oben ratterte das Papier heraus wie an der Kasse im Supermarkt. Casio versuchte unterdessen, den Markt mit einem Minirechner im Kreditkartenformat zu erobern, den man im Portemonnaie verstauen konnte.

Und die Leute taten das auch: Taschenrechner sind zwar heute noch gefragt, aber 1978 waren sie die mobilen Spielgeräte schlechthin.

Ruf besser nicht an

Ruf doch mal an – an diesen Spruch erinnert sich wohl jeder. Damals, 1978, war das Anrufen aber nicht so einfach wie heute. Zum einen hatten viele Menschen noch immer Wählscheibentelefone. Und wer eines dieser grässlich farngrünen Tastentelefone haben wollte, für die sich die Post als Standard neben noch schlimmeren Farben entschieden hatte, musste bis zu ein Jahr lang auf die Umstellung warten.

Das Wählen mit Scheibe dauerte ewig – ein Finger rein, drehen, ratter, ratter, ratter, der nächste Finger rein, drehen, ratter, ratter. Und wenn der Finger verkrampfte und die Scheibe nicht weit genug mitnahm, wurde aus der 7 eine 6. Es galt also, über die Notwendigkeit eines Anrufs gut nachzudenken. Eine Wahlwiederholung gab es natürlich nicht.

Zudem musste man beim Telefonieren in der Nähe des Geräts bleiben, damit das Kabel am Hörer nicht das ganze Telefon vom Tisch oder der Kommode riss, was häufig vorkam.

Die Telefontarife waren kaum zu durchschauen. Wer heute Schwierigkeiten hat, eine Flatrate zu buchen, über den können die 1978er nur kichern. Damals war es am billigsten, wenn man spät abends die Nachbarin anrief. Günstig hießen 46 Pfennig für ein Gespräch von drei Minuten. Darüber hinaus galten mehrere Telefontarifzonen, die auf der länge der Strecke zum nächsten Vermittlungsknoten basierten: 25, 50, 100 km und mehr – für jede Zone gab es eigene Gebühren.

Werktags zwischen 18 und 22 Uhr galten andere Tarife als an Feiertagen, an denen die Tarife wiederum andere waren als an Samstagen. An Feiertagen telefonierte man besonders gut vor 9.30 Uhr, dann wieder zwischen 12.30 Uhr und 17 Uhr und ab 22 Uhr – jedenfalls empfahl die Deutsche Post, diese Zeiten zu nutzen, weil man am ehesten durchkam. Alternativ konnten die Leute ein Telex schicken – ein Zwischenprodukt zwischen Telegramm und Fax. Aber das kostete 40 Pfennig bei dreiminütiger Verbindungszeit.

Immerhin gab es unvergessene Serviceleistungen: Die beliebteste Telefonnummer war die Zeitansage. Wer einen Weckruf bestellte, wurde morgens sogar von einem echten Menschen angerufen. Es gab Nummern für das Wetter, das Kinoprogramm und die Börsenkurse.

Und erstmalig feierte in Deutschland 1978 eine Sex-Hotline ihr Debüt. Sitz der Firma war Düsseldorf. Um ungestraft »schweinigeln« zu können, wie es eine Zeitschrift damals ausdrückte, mussten Kunden für ein Fünfminutengespräch vorab 10 DM mit Kennwort per Post an den Anbieter schicken. Erst drei Tage später konnten sie anrufen. Nach Ablauf der bezahlten Zeit legte die Gesprächspartnerin allerdings einfach auf.

Himmelskugeln, Bücherschiffe und Aluminiumkreuze

Das »Bücherschiff« in Berlin war eines der beeindruckendsten Bauwerke, die 1978 beendet wurden. Es handelte sich um einen Bibliotheksneubau nach den Plänen des Architekten Hans Scharoun, der die Fertigstellung selbst nicht mehr miterleben durfte. Den Namen erhielt das Bauwerk wegen seiner keilförmigen Außenstruktur. Besucher betraten das Foyer über zwei majestätische Treppen, auf denen man wie zum Staatsempfang schritt, wie es damals hieß. Beeindruckend war vor allem der Lesesaal mit seinen schwebenden Terrassen, die wie Promenadendecks aussahen. Für die Besucher gab es 680 Leseplätze. Mehr als 200 Millionen DM hatten die elf Jahre dauernden Bauarbeiten verschlungen. Manche nannten den Bau scherzhaft Schlachtschiff.

Der Stararchitekt Frank Gehry kaufte 1977 in Kalifornien einen Bungalow, der in den 1920ern im holländischen Kolonialstil erbaut worden war. Gehry, bekannt für seine dekonstruktivistischen Bauwerke, bestehend aus geometrischen Grundformen wie Pyramiden, Zylindern oder Würfeln, baute den Bungalow 1978 dem Stil entsprechend um: Er ergänzte pyramidenähnliche Glasstrukturen und einen in der Luft schwebenden Maschendrahtzaun. Die Nachbarn waren von dem befremdlichen Bau nicht angetan, aber Architekten weltweit bewunderten Gehry für seine Kühnheit.

In Dallas erhob sich 1978 erstmals der fragil wirkende »Reunion Tower« über der Stadt – mit einer nahezu kugelrunden Aussichtsplattform. Seinem futuristischen Look ist es zu verdanken, dass der Tower in Science-Fiction-Filmen mehrfach eine Rolle zugewiesen bekam, etwa in »Robocob«, »Asteroid« oder »The Lathe of Heaven«. Mit seinen 259 riesigen LEDs erinnert er nachts an eine Discokugel, die die Skyline von Dallas bis heute prägt.

Die Kathedrale San Juan Bosco in Comodoro Rivadavia, Argentinien, war der Versuch, Gotik und Moderne zu verschmelzen. Seit 1978 ragt ein Turm in einer Höhe von 46 Metern aus der Umgebung heraus und endet in einem 11 Meter hohen Kreuz aus Aluminium. Es könnte sich um ein Fabrikgelände handeln, und der Reiseführer Lonely Planet bezeichnet das Gebäude als hässlichste Kathedrale, die man je zu Gesicht bekäme.

Äußerst schlicht, aber imposant ist hingegen der 1978 entstandene sogenannte Jubilee Parkway in Alabama, bestehend aus zwei parallel verlaufenden Brücken, die die Bucht Mobile Bay am Golf von Mexiko überspannen. Die Brücken sind 12,1 Kilometer lang und werden von Einheimischen auch »Bayway« genannt. 1995 gab es dort während eines Nebels eine der größten Massenkollisionen in der Geschichte der USA – mit 200 beteiligten Autos.

Das Gebäude Sunshine 60 in Tokio, das 1978 fertiggestellt wurde, fiel vor allem durch seine Größe auf. Mit einer Höhe von 239,70 Metern war es das höchste Gebäude in ganz Asien, ungefähr so hoch wie der heutige Frankfurter Main-Tower. Gebaut wurde es auf dem Gelände eines ehemaligen Gefängnisses. 40 Fahrstühle bringen die Menschen bis heute zur Spitze des 60-stöckigen Wolkenkratzers. Von der Aufsichtsplattform gibt es einen atemberaubenden Blick über Japans Hauptstadt.

Vom Himmel gefallen

Was muss das für ein Anblick gewesen sein, als 1978 über Kanada ein drei Tonnen schwerer Atomsatellit der Sowjetunion verglühte, wie ein riesiger Ball aus Flammen auf die Erde zuraste und in der Nähe des Großen Sklavensees aufschlug. Zuvor hatte in Bonn ein Krisenstab getagt, da die deutsche Regierung befürchtete, dass kaputte Teile über Deutschland herunterkrachen könnten. Das war nicht völlig abwegig, da Forscher damals nicht wussten, wie sich der Satellit verhalten würde – es hieß nur lapidar, wenn man einen Stein ins Wasser werfe, könne er schließlich auch springen oder sinken. Kein Wunder, dass Politiker nervös wurden.

Der Satellit diente der Überwachung der Weltmeere, und an Bord befanden sich 45 Kilogramm hoch angereichten Urans. Das war zu wenig für eine Atomexplosion, aber genug, um eine größere Fläche zu verstrahlen. Nach dem Crash starteten daher amerikanische und kanadische Behörden umgehend die Operation »Morning Light«, um 124.000 Quadratmeter Fläche zu Fuß abzusuchen und das radioaktive Material zu bergen. Zwölf Teile konnten sie finden, davon waren zehn radioaktiv verseucht, eines strahlte besonders stark. Der Maler Nick MacIntosh verewigte die Suchaktion in seinem grellen Bild »Cosmos«, auf dem ein Mann mit zwei Lampen brennende Trümmer beleuchtete, während am Himmel allerlei Strahlen aufblitzten. Russland musste für die Suche drei Millionen kanadische Dollar an Kanada überweisen.

Die erste und bis dahin einzige amerikanische Raumstation »Skylab« hatte man derweil weitgehend vergessen, obwohl sie seit Jahren menschenleer um die Erde kreiste. Vielleicht war es dem Science-Fiction-Boom in Hollywood zu verdanken, dass die Amerikaner 1978 Kontakt mit der Station aufnahmen, um sie wiederzubeleben – doch sie war nicht mehr zu gebrauchen. Auch hier kam es 1979 beim gezielten Absturz zu einem ungeplanten Trümmerregen über Australien, bei dem zum Glück niemand verletzt wurde.

1978 schwebte zudem die Saljut 6 über der Erde, die erste russische Raumstation, die wieder auftankbar war. Wladimir Kowaljonok und Alexander Iwantschenkow hatten die Station am 15. Juni 1978 bestiegen, um 139 Tage im All zu bleiben und damit einen Rekord aufzustellen. Zu Besuch war zu dieser Zeit auch DDR-Kosmonaut Sigmund Jähn als erster Deutscher im Weltraum.

Spaciges Kinojahr

Das Space Race – das Rennen um die Vorherrschaft im Weltraum – war 1978 ein wenig erschlafft. Der Mond war bereits betreten worden, und die Begeisterung für neue Abenteuer hatte merklich nachgelassen. Symptomatisch dafür war, dass Russland sein ambitioniertes hoch geheimes Weltraumprogramm Almaz beerdigte. Daher kam es einigermaßen überraschend, dass 1978 ausgerechnet Hollywood sich auf neue Weltraumabenteuer einließ.

»Krieg der Sterne« kam 1978 in die deutschen Kinos, und es war schon damals abzusehen, dass die Saga in den Folgejahren immer wieder auf die Leinwand zurückkehren würde, zumal George Lucas schon die weiteren Folgen im Kopf hatte. An seinem ersten Epos arbeitete ein Teil des Produktionsteams mit, das schon Stanley Kubricks Meisterwerk »2001: Odyssee im Weltraum« realisiert hatte. Der Erfolg war vorprogrammiert. »Krieg der Sterne« (Star Wars) wurde zum finanziell erfolgreichsten Film weltweit. Diesen Platz konnte ihm erst sechs Jahre später »E.T. – Der Außerirdische« streitig machen.

Schon damals gab es Merchandising – etwa Spielfiguren wie den funkgesteuerten R2-D2, der in vier Richtungen fahren und mit seinen Augen leuchten konnte. Es gab Raumschiffe mit Lichteffekten und »Space Sounds« sowie eine »Death Star Space Station« aus Plastik, die Sammlern heute rund 500 Euro wert ist.

Was nur Star-Wars-Nerds wissen: George Lucas wollte offenbar Yoda zunächst mit einem Affen besetzen – inklusive Maske und Gehstock. Die berühmte Eröffnungssequenz, die eine laufende

Schrift zeigt, wurde übrigens nicht am Computer erzeugt – ein Kameramann bewegte die Kamera einfach über eine Druckplatte.

Die Sternenkrieger waren nicht der einzige Science-Fiction-Erfolg: Mit Steven Spielbergs »Unheimliche Begegnung der dritten Art« kam ein zweiter Klassiker in die deutschen Kinos, und offenbar waren Journalisten etwas enttäuscht darüber, dass dabei kein neuer weißer Hai herauskam, sondern ein eher ruhiger Film, der dennoch an den Kinokassen einschlug. Es ist diesem Film zu verdanken, dass wir bis heute glauben, Außerirdische wären bereits irgendwo in Amerika gelandet, was die Regierung natürlich verschwiege. Dabei hätte uns das Film-Mutterschiff verdächtig vorkommen müssen: Es wurde aus Modelleisenbahn-teilen zusammengebaut und lediglich mittels Kameraeinstellung vergrößert. Die Designer erlaubten sich sogar einige Scherze und bauten einen VW-Bus sowie einen R2-D2 in das Modell ein – allerdings war beides im Film nicht zu sehen.

Im gleichen Jahr brachte Disney »Die Katze aus dem Weltraum« in die Kinos. Der Film handelt von einem außerirdischen Kater, der auf der Erde notlanden muss und mittels Telepathie mit den Erdlingen kommuniziert. Im Fernsehen versuchte das ZDF, mit seinen »Geschichten aus der Zukunft« dem Trend zu entsprechen. Auch Verlage wie Heyne, Goldmann und Knaur brachten Science-Fiction-Bücher auf den Markt, darunter den »Science Fiction Reader« und die Anthologie »Countdown«.

Krasse Überholmanöver

Auf den unscheinbaren Namen Carrera Servo 160 hörte eine der im wahrsten Sinne des Wortes bahnbrechendsten Erfindungen, die 1978 die Wohn- und Kinderzimmer eroberten. Carrera-Bahnen gab es zwar schon lange, aber plötzlich kamen die Fahrzeuge mit Servolenkung daher – in Form von kleinen in die Fernbedienung eingebauten Lenkrädern. Drehte man sie, konnten die Fahrzeuge die Spur wechseln und ein Überholmanöver starten. Das war echtes Rennbahnfeeling. Einige Carrera-Fans meckerten allerdings, dass die neue Leitplanke der Bahnen dafür sorgte, dass man zwar mit Höchstgeschwindigkeit um die Kurven rasen konnte, jedoch ohne herauszufliegen – denn was bitte ist eine Carrera-Fahrt ohne Rausfliegen?

Eine weiteres Highlight kam von Märklin: Die Firma brachte mit der Dampflokomotive P 8 der Preußischen Staatseisenbahnen ein Modell auf den Markt, das sich zum wahren Klassiker entwickeln sollte: eine prächtige schwarze Lok mit rotem Fahrgestell, die bis heute bei allen Märklin-Fans beliebt ist. Ich weiß, dass auch wir eine solche Lok hatten und ich sie zum Ärger meines Vaters gerne verunglücken ließ: Sie stürzte vom Tisch in die tiefe Schlucht auf den Teppichboden, um dann von Matchbox-Rescue-Teams versorgt zu werden. Aber die Lok war so hochwertig, dass sie nie kaputtging.

Matchbox hatte 1977 die seltsame Idee, mit dem Powertrack eine Kon-kurrenzbahn zu Carrera anzubieten, die 1982 sang- und klanglos wieder verschwand. Der Slotcar-Boom endete ohnehin mit den 1970ern. Dabei sorgten die Bahnen für die schönste Action in unserer Kinder- und Jugendzeit.

Mensch gegen Maschine

Bis er alt und grau sei, meinte der 22-jährige David Levy im Jahr 1968 selbstbewusst, werde ihn kein elektronisches Rechenhirn im Schach bezwingen. Levy war schottischer Schachmeister und konnte über Computerschach nur lächeln. Er sagte, dass er vier Experten der Künstlichen Intelligenz 1.250 britische Pfund zahlen würde, sollte in den kommenden zehn Jahren ein Computer gegen ihn gewinnen.

Bis Mitte der 1970er-Jahre waren Schachcomputer gegen Menschen in der Tat chancenlos. Sie konnten gerade einmal vier Züge im Voraus kalkulieren, was mehr sein mag, als Laien wie ich zustande bringen, aber gegen erfahrene Spieler hatten sie keine Möglichkeiten, vorausschauende Strategien zu entwickeln. Sie könnten ein Buschfeuer löschen, erklärte der Mathematiker Monroe Newborn, aber sie sehen dabei nicht, dass der ganze Wald brennt.

Der neue Schachcomputer »Chess 4.7« berechnete allerdings bereits 3.000 Stellungen pro Sekunde. Die Software lief auf einem Supercomputer in Minnesota, wobei die berechneten Züge telefonisch übertragen wurden. Dieses System hatte in Kalifornien überraschend ein regionales Turnier gewonnen.

1978 trat der Computer gegen Levy an. Zu dessen Erstaunen gewann Chess 4.7 sogar eine Runde und bezwang damit als erste Maschine einen Schachmeister. Levy musste trotzdem nicht zahlen – der Gesamtsieg ging an ihn. Aber er gab zu, dass ihn nun nichts mehr überraschen würde.

Mit Heißluft über die Ozeane

Ballonfahrten haben eine lange Tradition. Bereits 1785 gelang es dem Franzosen Jean-Pierre Blanchard und dem Amerikaner John Jeffries, den Ärmelkanal mit einem Ballon zu überqueren. Aber in den folgenden knapp 200 Jahren war es niemandem gelungen, auch den Atlantik zu meistern.

Es mangelte nicht an Versuchen. Vor 1978 gab es insgesamt 17 Starts – alle ohne Erfolg. Sieben Menschen ließen dabei ihr Leben. Die Amerikaner Ben Abruzzo und Maxie Anderson hätten es 1977 fast geschafft, aber sie mussten in Island notlanden. Mit einem dritten Mann an Bord, Larry Newman, starteten sie am 11. August 1978 auf Preque Isle, Maine, mit der »Double Eagle II« erneut – und schrieben Geschichte.

Der mit Helium gefüllte 34 Meter hohe Ballon zog rasch los. Die Piloten waren gut drauf. Sie machten Späße und ernährten sich hauptsächlich von Hot Dogs und Sardinenkonserven. Sie schwebten und schwebten – dann am 16. August der Schock: Schlechte atmosphärische Bedingungen zwangen sie, von 20.000 Fuß auf 4.000 Fuß zu sinken. Durch Ballastabwurf gelang es dem Trio, sich wieder zu stabilisieren.

In der Folgenacht erreichten sie Irland, überquerten die britische Insel und näherten sich ihrem Ziel – dem Flughafen Le Bourget in Paris. Dort hatte Charles Lindbergh ein halbes Jahrhundert zuvor seinen weltberühmten Atlantikflug beendet. Der Ballon kam jedoch leicht vom Kurs ab und landete nach 137 Stunden rund 50 km von Paris entfernt bei Miserey. Es war ihnen egal: Sie wurden gefeiert – und als Trost für den verpassten Lindbergh-Coup durfte Pilot Larry Newman mit seiner Frau in jenem Bett in Paris übernachten, in dem auch Lindbergh einst geruht hatte.

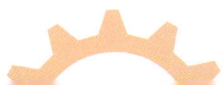

Bitte lächeln! Und ritsch, ratsch!

Erinnert sich jemand an die Ritsch-Ratsch-Kamera? Damit ist nicht das kleine Plastikspielzeug gemeint, das es in Erlebnisparks gibt – auf das man einmal drückt und durch ein Guckloch Dias von Nashörnern und Elefanten sieht. Die Ritsch-Ratsch-Kamera war die 1978 weitverbreitete Kodak-Pocketkamera. Man musste sie zusammendrücken, damit sie den Film weitertransportierte – dabei machte sie »Ritsch« und »Ratsch« und schließlich »Klick«.

Dazu muss man wissen: In den 1970ern war die Hobbyfotografie noch ein wackliges Unterfangen, und wir waren es gewohnt, nach jedem Urlaub überwiegend auf verschwommene Impressionen zurückzublicken. Ein Fest für Fotografen war daher die von Polaroid 1978 vorgestellte Abstandmessung: Der Sonar-Autofokus maß mit Ultraschall den Abstand zu einem Objekt und stellte die Kamera scharf – eine Revolution.

Polaroid hatte 1977 zudem für Filmenthusiasten das Polavision-System vorgestellt: Es präsentierte das fertige Bild bereits zwei Minuten nach Drehschluss. Das System kostete allerdings 1.600 DM, da der Hobbyfilmer neben der Kamera auch einen Player mit Sichtfenster brauchte. Zudem passten auf die Standardkassetten nur zweieinhalb Minuten Film.

Die Firma Agfa-Gaevert bot unter dem Namen »Video-Transfer« eine weitere Sensation an: die Überspielung von Schmalspurfilmen auf Videokassetten. 1978 war also das Jahr, in dem die Bilder schärfer wurden und Papa seine bewährte Diashow durch Bewegtbilder ergänzte – zu Freud oder Leid der Familie.

Wissen für Nerds

Wir erinnern uns an diese dünnen, biegsamen Scheiben mit großem Loch in der Mitte – das war die 5,25-Zoll-Diskette, auf der damals Daten abgespeichert wurden. 1978 stellte die japanische Firma TEAC das erste Diskettenlaufwerk der Welt für dieses Format vor. Es ist uns in lebhafter Erinnerung, weil der Anfang der 80er erschienene legendäre Computer C64 solche Disketten nutzte – und wir Games liebten, die mit weniger als einem Megabyte auskamen.

Auch heute noch tun sich Softwareentwickler schwer, einen Rechner so zu programmieren, dass er einen Roman oder ein Gedicht schreiben kann. Diese Idee hatte 1978 bereits der Architekt Heidulf Gerngross aus Kärnten. Er speicherte Begriffe und Sätze aus Tageszeitungen und Romanen auf Lochkarten und schob diese in einen IBM-Rechner. Es entstand ein mehr als 1.000 Seiten starkes Werk namens »Volksbuch«, laut ZEIT ein Monstrum, in dem alle Sätze, die einen erkennbaren Sinn ergeben, dies nur zufällig taten.

Unter der Bezeichnung Prestel feierte 1978 der Vorläufer des deutschen Bildschirmtexts (Btx) sein Debut – wenn auch zunächst als Testlauf in Großbritannien. Prestel ist nicht zu verwechseln mit Videotext, war aber ein ähnlicher Mischmasch aus Telefon und TV. Der Erfolg blieb aus.

Die »Short 330« war keine Hose, sondern ein Flugzeug für Kurzstreckenflüge, das so herrlich aussah, als käme es aus einem Steampunk-Film: eckig, mit zwei offenen Propellern, den sogenannten Turboprobs, und zwei seltsamen hohen Seitenflügeln, die an heutige Weltraumsatelliten erinnern. In Deutschland verpasste man der Maschine den Spitznamen Schuhkarton. Sie wurde von den britischen Shorts-Brothers gebaut, und es passten gerade einmal 30 Passagiere hinein. Die Maschine war gemütlich, leise und langsam. Die damalige Deutsche Luftverkehrsgesellschaft setzte die Schuhkartons 1978 bei Flügen nach Amsterdam, Straßburg und Basel ein.

Auta 6000U – das war eine vollautomatische Autoantenne der Firma Hirschmann. Wer sie im Alltag sah, fühlte sich an die Autos in James-Bond-Filmen erinnert, in denen allerhand raffinierte Gerätschaften ein- und ausgefahren wurden, um Bösewichte zu bekämpfen. Für Letzteres brauchte man die Auta nicht, aber sie fuhr beim Ein- und Ausschalten des Autos automatisch hoch und runter, was für Kinder ein Riesenspaß war.

Im Jahr 1978 kannte jeder den Filmroboter R2-D2. Ein Mitarbeiter der amerikanischen Firma Quasar Industries verkündete deshalb, er habe einen ähnlichen Roboter, genannt »Sam Strugglegear«, gebaut, der uns im Haushalt helfen könne. Der SPIEGEL berichtete über ihn – wenn auch mit reichlich Skepsis. Zu Recht: Der Roboter war ein Fake und wurde in Wirklichkeit ferngesteuert.

Heavy Metal mit Kugel

Mein Vater hatte uns damals einen Flipper gekauft – Ausschussware aus einem Restaurant. Das riesige Gerät stand in unserem Gartenhaus und war für uns Kinder ein Traum: Kugel losschießen, Musik plärrte aus den Boxen, alles bewegte sich und leuchtete. Wir fanden den Flipper derart aufregend, dass wir mehrmals im Schlafsack unter dem Gerät übernachteten, um am nächsten Tag gleich weiterspielen zu können.

Flipper, das war Heavy Metal unter Glas, das rockte und bebte, und wir fluchten bei Fehlschlägen und jubelten, wenn die Kugel lange genug im Spiel blieb, um durch die schwer erreichbaren Gassen zu rasen, wo oft Rutschbahnen und Sprungschanzen verbaut waren. Flipper erforderte Glück und Geschick. Die Zeitschrift »Time« sah im Flipper gar eine bizarre Kombination aus Schach, Eishockey und Sex. Die Band »The Who« widmete dem Gerät mit »Pinball Wizard« sogar einen Song.

Unter dem Glas waren meist Graffiti-ähnliche Kunstwerke aufgemalt: Weltraumwelten oder Szenen, inspiriert von Batman, Wikingern, Western oder Rockmusik. Manchmal ertönten Maschinengewehrgeräusche aus den Boxen – was Bild, Kugel, Musik, Sound und Story miteinander zu tun hatten, blieb oft der Fantasie überlassen.

1978 waren in Deutschlands Kneipen und Klubs 70.000 Flipper-Automaten aufgestellt. Die Leute steckten insgesamt 300 Millionen DM in die Schlitze an den Geräten. Dabei galt das Flippern in den USA nach wie vor als anrüchig. Zu sehr war es mit dem Bild von Spelunken und Absteigen verbunden. In New York wurden die Geräte erst 1976 zugelassen. Mit dem Aufkommen der Videospiele war es Ende der 70er mit dem Flipper-Boom allerdings schon wieder vorbei. Games und Rock ‚n' Roll – das fand nun auf dem Bildschirm statt.

Bio, Bienen und Balfour

»Derrick«, »Der Alte«, »Tatort« – ja, das war 1978 noch frisches Fernsehen. Wir lachten über Klimbim, schauten den »Großen Preis« mit Wim Thoelke, Wum und Wendelin. Es gab »Dalli Dalli« mit einem hüpfenden Hans Rosenthal sowie dem legendären Schnellzeichner Oskar, der die Kandidaten mit wenigen Strichen skizzierte.

Der 44-jährige Rudi Carrell präsentierte im gestreiften Jackett »Am laufenden Band«, und im Februar, kurz nachdem die Serie »MS Franziska« über Jakob Wildes Abenteuer auf dem Rhein gestartet war, trat der gleichaltrige Alfred Biolek zum ersten Mal in »Bio's Bahnhof« auf.

In unseren Ohren als Kinder und bis heute blieb jedoch vor allem Karel Gotts »Biene Maja« hängen – diese Sendung lief von 1975 bis 1980. Die bunten Abenteuer um Maja, Grashüpfer Flip, Bienenjunge Willi und Mistkäfer Kurt wuchsen uns ans Herz.

Jugendliche schauten vor allem amerikanische Formate wie die Serie »Starsky & Hutch«, die 1978 in Deutschland debütierte, mit hippen Verfolgungsjagden und zertrümmerten Autos. Zu Weihnachten fieberte die ganze Familie mit den Abenteuern des 17-jährigen David Balfour mit, der in allerhand Streitigkeiten um die schottische Krone verwickelt wurde.

Buntes Fernsehen war 1978 noch nicht selbstverständlich. Während Papa ein erstes Farbfernsehgerät von Loewe, Philips oder Siemens mit 42-cm-Bildschirm in den Einbauschrank einpflanzte wie ein Kunstwerk in einen Rahmen, schob er die alte Schwarz-Weiß-Kiste uns Kindern zu.

Fernbedienungen hatten damals etwa neun Programmknöpfe, die wir aber nicht brauchten, da es kein Privatfernsehen gab. Das Kabelfernsehen wurde in einigen Regionen lediglich getestet.

In Amerika feierte 1978 »Dallas« sein Debüt – die Serie um die Familie Ewing, die sich um Liebe und Macht stritt, kam drei Jahre später in Deutschland an und zeigte, wie aufregend das Ölbusiness sein konnte.

Krieg der Bänder

1978 war den Deutschen noch nicht so recht klar, was sie von Videorekordern halten sollten. Deshalb mussten Hersteller wie Philips in Werbeanzeigen zunächst einmal die Vorteile der neuartigen Geräte auflisten: Ja, du kannst ein Programm aufnehmen, auch wenn der Fernseher ausgeschaltet ist. Es funktioniert auch bei eingeschaltetem Gerät und sogar, wenn du einen anderen Sender guckst. Kurzum: Du kannst dir dein Programm selbst zusammenstellen. Dafür musst du kein Programmierer sein, hieß es. Na ja, vielleicht doch, denn manch einer war mit dem Programmieren überfordert.

Die Geräte sahen aus wie Kassettenrekorder: Sie hatten ein großes Kassettenfach, das sich ausklappte, schwere Tasten zum Aufnehmen und Spulen sowie Zahlenknöpfe für die Zeiteinstellung. Auf die Kassetten passten bis zu zweieinhalb Stunden Fernsehen, also mit etwas Glück ein Fußballspiel mit Verlängerung und Elfmeterschießen.

Die wichtigste Frage, die sich stellte, war allerdings: Betamax oder VHS. Heute wissen wir es besser, aber damals war Betamax noch im Rennen, und Sony, NEC und Toshiba warben fleißig für dieses System. Ein Jahr später sollte noch Video 2000 hinzukommen. Es war die Zeit des »Formatkriegs« mit ähnlichen leidenschaftlichen Plädoyers wie später für Apple oder Microsoft. Betamax lieferte immerhin die bessere Aufnahmequalität, aber VHS war billiger und bot längere Aufnahmezeiten – das war den meisten wichtiger.

Digitaler Aufbruch

»Es gibt überhaupt keinen Grund, warum ein Mensch einen Computer zu Hause haben sollte« – das sagte Ken Olson, Mitgründer der damals erfolgreichen Firma Digital Equipment Corporation im Jahr 1977. Er hatte nicht ganz unrecht, auch wenn ihm dieser Satz bis heute zu schaffen machen dürfte. Mit dem Apple II stand schon der erste richtige Homecomputer in den Startlöchern, für den nach und nach Anwendungen und Spiele programmiert wurden. Der PC war tatsächlich auf dem Weg in Richtung des heimischen Schreibtischs.

Rechner – das war allerdings noch kein aufregendes Entertainment. Das war vor dem Apple II noch etwas für Ingenieure, Banken und Büros. Und selbst dort war alles recht umständlich: Wollte man zum Beispiel Texte ausdrucken, rollte ein Drucker eines dieser Endlosblätter ab, die links und rechts mit Löchern ausgestattet waren, damit der Drucker sie einziehen konnte.

Aber größere Rechner konnten schon so viel leisten, dass 1978 auch das Jahr einer ersten digitalen Krise war: Arbeiter in der Druck- und Metallindustrie streikten gleichermaßen, um nicht von Computern abgelöst zu werden. Die Automobilindustrie, beim Einsatz von Computertechnik stets Vorreiter, hatte bereits Roboter mit Namen wie Robby und Goli in der Produktion installiert. Firmen, die Registrierkassen herstellten, gingen pleite, weil die Kassen durch Bildschirme und Tastaturen ersetzt wurden.

Schreibautomaten sollten nun, so hieß es in den Medien, zwei Millionen Büromitarbeiter überflüssig machen. Bei Siemens hatten 100 Rechner, die aus Textbausteinen standardisierte Texte bastelten, bereits 7.400 Schreibmaschinen ersetzt. Über Terminals hatten Mitarbeiter Zugriff auf gemeinsam gepflegte Daten – auch das ersetzte Schreibtätigkeiten.

Zur Avantgarde des maschinellen Rechnens gehörte 1978 der Cray-I-Supercomputer, der für Kernwaffentestberechnungen gebaut worden war und acht Millionen Dollar kostete. Er hatte einen Prozessor mit 160 MFLOPS. Heutige Supercomputer sind etwa 300 Millionen Mal leistungsfähiger, aber damals war dies schier unglaublich. 1978 erwarb das European Centre for Medium Range Weather Forecasts (ECMWF) in London einen Cray-Rechner für aufwendige Wetterberechnungen.

Spammity Spam

Gary Thuerk ist der Vater des Spam. Er war der erste Mensch, der auf die Idee kam, eine unverlangte Massenwerbemail herumzuschicken – und das im Jahr 1978. Kaum zu glauben, dass es damals schon so etwas wie elektronischen Spam gab.

Erster Tatort war das Arpanet, ein Vorläufer des heutigen Internets. Etwa 2.600 Menschen kommunizierten über dieses Netzwerk – die meisten waren Wissenschaftler und Techniker. Gary war einer von ihnen. Er arbeitete für den Computerhersteller Digital Equipment Corporation.

Um ein neues Rechnermodell zu bewerben, kam er auf eine perfide Idee: »Lass uns einfach eine E-Mail rumschicken«, sagte er sich. Später erklärte er: »Ich ging das Arpanet-Verzeichnis durch. Das war wie ein Telefonbuch. Ich kreuzte etwa 400 Namen an und lud sie zu einer Produktvorstellung ein.«

Es gab ein paar positive Reaktionen. Ein Teilnehmer erklärte, er bekäme Tausende von langweiligen Mails, »wie zum Beispiel Babyfotos« (offenbar gab es damals noch keine Katzen). Eine Einladung zum Produkttest sei wenigstens interessant.

Aber die meisten Empfänger regten sich so sehr darüber auf, dass es in den folgenden zehn Jahren keiner mehr wagte, im frühen Netz Spam zu verschicken. Erst in den 1980er-Jahren etablierte sich das Wort »Spam« – nach einem Sketch von Monty Python. Darin stimmten als Wikinger verkleidete Cafébesucher den Song »Spam, Spam, Spam, Spam … Spammity Spam! Wonderful Spam!« an. Heute lacht wohl niemand mehr darüber.

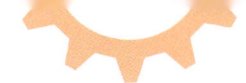

Denkmal für Abenteurer

1978 wäre Jules Verne 150 Jahre alt geworden, und zu diesem Anlass schickte der russische Kosmonaut Georgi Grechko, der in der Raumstation Saljut 6 gerade die Erde umrundete, eine Nachricht durch die Atmosphäre: »Es gibt kaum einen Menschen, der Vernes Bücher nicht gelesen hat, jedenfalls nicht unter den Kosmonauten, denn Jules Verne war ein Träumer, ein Visionär, der Flüge im Weltraum voraussah. Ich würde sagen, auch diesen Flug hatte er vorhergesagt.«

Im Jubiläumsjahr wurde in Nantes zu Ehren des Schriftstellers ein Museum eröffnet. Das verträumte Musée Jules-Verne scheint beinahe über der Stadt zu schweben. Die Besucher können dort von der Anhöhe aus über den Fluss Loire in die Ferne blicken und von den endlosen Weiten der Welt träumen, wie es vermutlich Verne selbst an dieser Stelle getan hatte, als er in Nantes aufwuchs.

Das Museum gibt seitdem einen Einblick in das Leben Vernes und in sein Schaffen: mit Manuskripten, Illustrationen und Objekten wie zum Beispiel seinem Teleskop. Verne sagte einmal, seine Aufgabe sei es, die ganze Erde, die ganze Welt in seinen Romanen zu malen. Er wolle Abenteuer schaffen, die jedem Volk zu eigen sind, aber die Welt sei so groß und das Leben so kurz. Um also eine vollständige Arbeit zu hinterlassen, müsste man 100 Jahre leben.

In gewisser Weise ist Verne das gelungen. 1978 lebte er in den Herzen vieler Kinder und Erwachsenen weiter – und selbst heute sind seine Ideen so lebendig wie vor 200 Jahren.

Abgestürzt und ausgelaufen

Es war an einem Donnerstag, zehn Minuten vor dem WM-Derby im Fußball zwischen Deutschland und den Niederlanden. Im Maschinenraum des Atomkraftwerks Brunsbüttel brach ein 8 Zentimeter langer Rohrstutzen. Dampf zischte heraus – etwas, was wir in einem Kraftwerk auf keinen Fall sehen möchten. Drei Stunden lang ging es so weiter: 100 Tonnen leicht radioaktiv verseuchter Nebel verbreitete sich im Maschinenhaus. Zum Glück ging es für die Bewohner der Umgebung glimpflich aus, weil die Strahlung am Ende nicht hoch genug war. Aber beruhigt sein konnten sie nicht. 1978 war der Auftakt für insgesamt 447 meldepflichtige Ereignisse in dem störanfälligsten aller deutschen Kraftwerke.

Als sich bei Neu-Ulm ein Pilot des Jagdbombergeschwaders Lechfeld per Schleudersitz gerade noch aus einem F-104 G »Starfighter« retten konnte, war dies ein makabres Jubiläum: Es war der 175. Absturz einer solchen Maschine bei der Bundeswehr. Nur wenige Stunden vorher hatte ein Starfighter aus Versehen 77 Geschosse über dem Dorf Seeburg abgefeuert und dabei Dächer und Fensterscheiben zerschlagen. Dass niemand ums Leben gekommen war, war eines der kleinen Wunder des Jahres 1978. Der Starfighter bleibt jedoch als einer der größten Technikflops in Erinnerung.

Amoco Cadiz hieß ein weiterer Flop – ein Supertanker, der mit einer Länge von 334 Metern, also etwa drei Fußballfeldern, noch vor dem 16. März 1978 stolz über die Meere geschippert war. Das gigantische Schiff gehörte der amerikanischen Amoco Oil Corporation und transportierte an jenem Tag rund 223.000 Tonnen Rohöl – so viel jedenfalls liefen ins Meer, als der Tanker gegen einen Felsen an der Küste der Bretagne krachte. Der Kapitän hatte ihn zu nahe an die Küste gelenkt. Das Schiff zerbrach in drei

Teile. 350 Kilometer der Küste Nordwestfrankreichs waren öl-
verseucht, und Zehntausende von Seevögeln kamen ums Leben.
Das Wrack ist heute noch ein beliebtes Ziel für Taucher.

Musikalischer Zauber

Merlin sah aus wie ein dunkelrotes schnurloses Telefon – eines aus den Anfangsjahren mobiler Geräte mit riesigem Telefonhörer und elf Tasten. Merlin war aber kein Telefon, sondern eine Frühversion des Gameboys.

Mit Merlin konnte zum Beispiel Tic Tac Toe spielen. Dafür drückte man eine Taste, die ein lautes Geräusch von sich gab, was an die psychedelischen Töne des Kinoroboters R2-D2 erinnerte. Die gewählten Spielzüge leuchteten auf, während Merlins Konterzüge an blinkenden Tasten zu erkennen waren. Da sich Tic Tac Toe auf neun Tasten beschränkte, war das Spiel meist rasch vorbei – und meistens lief es auf ein Unentschieden hinaus.

Aber Merlin hatte noch mehr in petto. Im Spiel »Echo« musste man beispielsweise eine vorgegebene Melodie nachspielen. Spannend war vor allem eine Siebzehn-und-Vier-Variante, die bis 13 statt bis 21 ging. Ein weiteres Game war »Magic Square«, in dem man ein Quadrat nachprogrammieren musste, wobei jede Taste mit anderen geheimnisvoll verknüpft war, sodass nur die richtige Kombination zum Ziel führte. Mit der »Music Machine« konnten Spieler Merlin sogar eine Melodie beibringen – damit war das Gadget einer der ersten digitalen Musiksequenzer überhaupt.

Merlin, der 1978 herauskam, war zwei Jahre später in den USA eines der meistverkauften Spielgeräte. Es war das erste Mal, dass man Kinder in der typischen Smartphone-Haltung durch die Wohnung laufen sah – versunken, mit gebeugtem Kopf. Hersteller Parker Brothers brachte 1995 sogar einen Nachfolger mit neun Spielen heraus – inklusive Bildschirm und Steuertasten. Aber der Charme des Originals blieb unübertroffen.

Der kleine Professor

Was wäre, wenn der Taschenrechner nichts ausrechnen, sondern umgekehrt uns um das Ergebnis einer Gleichung bitten würde? Genau das war die Idee von »Little Professor«, einem Mathe-Trainer, der 1978 erschien und in den kommenden zehn Jahren millionenfach verkauft werden würde. Texas Instruments hatte die kleine Nachhilfemaschine mit Tasten und LED-Bildschirm entwickelt, und die Kinder nutzten sie tatsächlich gerne.

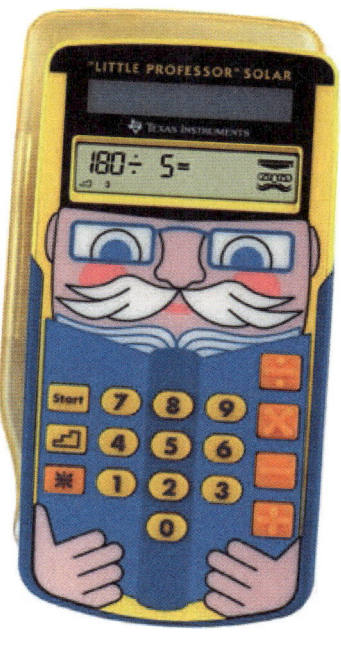

Über den Tasten war ein Bild von einem Professor mit dicker Nase, rechteckiger Brille und wuscheligem Schnurrbart angebracht, darüber befand sich das Display. Die Spieler konnten das Level und die Rechenart einstellen: Addition, Subtraktion, Division und Multiplikation. Nach zehn Fragen gab der Professor den Punktestand bekannt. Mehr konnte er nicht, aber trotzdem war er derart Kult, dass sich jemand vor Kurzem sogar die Mühe machte, eine digitale Version für Android-Smartphones nachzuprogrammieren.

Ob die Generation 1978 am Ende tatsächlich besser rechnen konnte? Die Antwort auf diese Frage bleibt uns der Professor schuldig.

Mit Speed durch die Wellen

Im Jahr 1919 lag der Rekord für sogenannte Speed Boats gerade mal bei 114,04 km/h. Als der Australier Ken Warby in den 70er-Jahren antrat, einen neuen Rekord aufzustellen, galt es bereits, 459,02 km/h zu übertrumpfen. So schnell war jedenfalls 1967 der Amerikaner Lee Taylor – und zehn Jahre lang konnte ihn niemand toppen.

1977 gelang es Warby mit seiner »Spirit of Australia«, Taylor knapp zu schlagen. Aber zufrieden war Warby damit nicht. Er strebte die 500er-Marke an, und 1978 sollte das Jahr werden, in dem ihm das gelingen würde.

Im ruhigen Gewässer des Staudamms Blowering Dam am Tumut River im südöstlichen Australien hatte er alles vorbereitet – es war ein nicht ganz ungefährliches Unterfangen. Knapp ein Dutzend Fahrer waren in den vergangenen Jahrzehnten beim Rekordversuch tödlich verunglückt, darunter Kens Vorbild, der mehrfache britische Rekordhalter Donald Campbell.

Aber Ken ließ sich davon nicht abhalten. Angetrieben von einem Westinghouse-J34-Turbojet-Strahltriebwerk, das Ende der 1940er-Jahre entwickelt worden war, schoss das Boot wie eine Rakete durchs Gewässer, als wollte es gleich noch in den Weltraum abheben – dabei erreichte es sagenhafte 511 km/h und somit den Rekord, den es bis heute hält.

Inzwischen hilft Warby seinem Sohn, diesen Rekord zu brechen. Seit 2016 arbeiten die beiden an der »Spirit of Australia II«. Wäre 2018 nicht das passende Jahr?

Ausgedampft

150 Jahre – so lange dauerte ungefähr das Zeitalter der Dampflokomotiven. Die prächtigen Maschinen dröhnten mit lautem Getöse durch die Landschaften. Von Weitem angekündigt durch ihr unverwechselbares Pfeifen, zogen sie große Rauchspuren hinter sich her – und brannten sich damit in unser romantisches, kulturelles Gedächtnis ein.

Luka der Lokomotivführer fuhr eine solche Lok, im Wilden Westen gehörte sie zum Landschaftsbild, und als Orient-Express war sie Schauplatz vieler Filme, Serien und Romane. Aber ausgerechnet der Dampf und die gemächliche Geschwindigkeit, die sie auszeichneten, wurden ihr zum Verhängnis. Die moderne Welt wollte moderne Loks – leistungsstärker, leiser und umweltfreundlicher. Die Dampflok wurde zum Museumsstück.

Für Eisenbahnfans war der 30. September 1978 einer von vielen traurigen Abschiedstagen. Bis zu jenem Zeitpunkt konnten sie aus der ganzen Welt nach Österreich reisen, um die altehrwürdigen Maschinen noch im Betrieb zu sehen. Aber an jenem Septembertag fuhr auch dort zum letzten Mal eine Dampflok über den Gebirgspass Präbichl und dann durch die Tunnels der Erzbergbahn. Als sie an ihrem Ziel ankam, flossen vermutlich viele Tränen.

Pong ohne Bildschirm

Auf die Idee musste man erst einmal kommen: ein mobiles Videospiel ohne jeglichen Bildschirm. Seit Anfang der 1970er-Jahre kannte man das Atari-Spiel »Pong«, vornehmlich aus Spielhallen als minimalistische Tischtennissimulation. Das Prinzip nahm sich der Japaner Hikoo Usami zum Vorbild und baute daraus eine mechanische »Handheld-Konsole« namens Blip.

Man musste sie aufziehen, und ein Hebel mit einer kleinen roten LED bewegte sich dann unter einer semitransparenten Fläche von links nach rechts und umgekehrt. Das den Ball begleitende Surrgeräusch erinnerte an eine Stechmücke.

Während der kleine Ball über das Feld flitzte, mussten die Spieler raten, an welcher Stelle er bei ihnen eintreffen würde. Dafür gab es drei Möglichkeiten in Form von drei Buttons. Drückte man rechtzeitig den richtigen Button, wurde der Ball pariert und raste zum Gegner zurück – war man zu langsam, bekam der Gegner den Punkt.

Das Spiel funktionierte per Zufallsmechanismus. Mit Strategien wie Antäuschen brauchte man also nicht zu kommen. Blip konnte man übrigens sogar ohne Batterie spielen – sie diente nur zum Betrieb der LED, die aber auch unbeleuchtet zu erkennen war.

Das Gadget war bereits erschienen 1977 und war der Renner im Weihnachtsgeschäft. 1978 war es in vielen Spielzimmern zu Hause.

Die Väter der Playstation

Die erste Telstar-Konsole für Fernsehgeräte von der Firma Coleco erschien 1976 und bot genau drei Spiele: Tennis, Handball und Hockey. Im Grunde hätte der Hersteller die Spiele auch Fußball, Wasserball oder Basketball nennen können – die Grafik unterschied

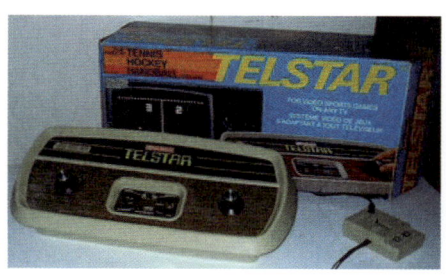

sich kaum. »Tennis« zum Beispiel war von Ataris Klassiker »Pong« abgekupfert und bestand aus zwei Strichen, einem eckigen Ball und einer weißen Mittellinie vor schwarzem Hintergrund.

»Hockey« war das gleiche Spiel, jedoch mit zwei Strichen auf jeder Seite: einen für den Feldspieler und einen für den Torwart. Bei »Handball« spielte man den eckigen Ball gegen eine Wand. »Squash« wäre vermutlich der treffendere Titel gewesen.

Dennoch machten die Spiele Spaß, und die Telstar wurde ein Erfolg. Es war zudem die erste Konsole, die mit dem neuartigen Videospielchip AY-3-8500 der Firma General Instrument realisiert wurde. Mit Bally Astrocade, Fairchild Channel F oder Magnavox Odyssey war 1978 allerdings eine ganze Reihe weiterer Konsolen auf dem Markt – und alle boten mehr oder weniger die gleichen Spielideen. Ein weiterer Konkurrent, Atari, sollte zum Inbegriff der frühen Konsolen werden – 1978 verlief der Verkauf der ersten Atari-2600-Konsole allerdings noch schleppend.

Unter dem Konkurrenzdruck legte Coleco neun Versionen der Telstar-Konsole nach, darunter 1978 die Farbversion Telstar Colortron mit vier Spielen vor hellgrüner Rasenfläche sowie die Coleco Telstar Marksman mit integrierter Laserpistole. Mit Letzterer mussten Spieler ein Quadrat erschießen, das per Zufallsprinzip über den Bildschirm raste. Die Telstar Arcade schließlich hatte neben der Pistole auch ein Lenkrad und einen Schalthebel für das simple Rennspiel »Road Race«, bei dem die Autos wie Maschinengewehre ratterten.

Die Welt am Handgelenk

Für sage und schreibe 445 DM konnten Kunden 1978 die Citizen Quartz Multi-Timer LC erwerben. Diese digitale Armbanduhr zeigte in der oberen Hälfte die Zeit an, darunter waren hellgrüne Felder mit Symbolen für Alarm 1 und 2 sowie die Stoppuhr. Auch das Datum fehlte nicht. Heute klingt das langweilig, aber Digitaluhren wirkten 1978 noch wie technische Zauberei.

Dabei hatte die Firma Hamilton bereits 1968 für den Film »2001 – Odyssee im Weltraum« eine futuristische Uhr entworfen, die sie zwei Jahre später auf den Markt brachte. Diese erste Digitaluhr mit LED-Anzeige hieß »Pulsar«. Sie bestand aus 18-karätigem Gold und enthielt 44 integrierte Schaltkreise und 4.000 Drahtbonden. Entsprechend kostete sie um die 2.100 Dollar. Als die Uhr vorgestellt wurde, sah die New York Times eine neue Ära der Zeitmessung gekommen.

Aber sie kam noch nicht. Das veranlasste die Hersteller, die digitalen Uhren mit immer mehr Funktionen auszustatten. Die HP01 von Hewlett-Packard wurde zum Beispiel als Zeitmaß-Rechen-Informationszentrum beworben. Sie sah aus wie eine Vintage-Miniaturschreibmaschine und enthielt einen Taschenrechner sowie einen historischen Kalender. Seiko versuchte, die Kunden mit ultraflachem Design zu überzeugen. Die Uhren waren nur 2,5 mm dick. Das Chronocardiometer von Gyropan maß sogar die Pulsschläge.

Aber die Mehrzahl der Käufer blieb daher beim analogen Modell und kaufte sich für die Spielereien lieber einen Taschenrechner dazu.

Die ersten glänzenden Scheiben

Im Internet gibt es heute ein »Museum für obsolete Medien«. Einige Bilder dort zeigen eine glänzende Scheibe, die auf den ersten Blick nicht von einer DVD oder CD zu unterscheiden ist. Und doch: Es handelt sich um ein ausgestorbenes Medium: die sogenannte Laserdisc.

Zurück ins Jahr 1978: In den USA erschien mit »Der weiße Hai« zum ersten Mal ein Film auf einer solchen Disc. Der offizielle Name des Mediums war noch » MCA DiscoVision«. Die Scheibe war etwa 30 cm breit – wie eine Vinylschallplatte. Sie bot Platz für rund 60 Minuten Film in einer Qualität, mit der die Videoformate VHS und Betamax nicht mithalten konnten. Die Laserdisc galt daher als zukunftsweisend, und tatsächlich ebnete sie den Weg für CDs und DVDs.

Viele Menschen kauften sich das teure Abspielgerät für die Discs, aber sie waren schon bald enttäuscht. Ursprünglich hatten die Hersteller 300 Filme zur Auswahl für die Geräte angekündigt, davon waren beim Verkaufsstart nur 50 im Katalog – und es kamen nicht mehr viele dazu. Denn die Disc hatte auch Nachteile: Die Geräte waren beim Abspielen unglaublich laut, und die Discs waren empfindlich und gingen leicht kaputt.

2001 erschien schließlich mit dem trashigen Film »Tokyo Raiders« in Japan die letzte offizielle Disc in diesem Format – ein trotz aller Mängel unwürdiger Abschied für den Pionier.

Das erste soziale Netzwerk

Am 16. Januar 1978 tobte in Chicago ein Schneesturm und zwang die beiden Freunde Ward Christensen und Randy Suess, den ganzen Tag zu Hause zu bleiben. Und weil sie nichts zu tun hatten, telefonierten sie und kamen auf die Idee, für ihren Computerklub eine Art digitale Pinnwand zu entwerfen, auf die jeder mit seinem Rechner über Modems zugreifen könnte. » Du machst die Software, ich die Hardware«, sprach Randy lapidar in den Telefonhörer. »Wann bist du fertig?«

30 Tage später schrieb das Duo Internetgeschichte.

Die beiden erfanden das Bulletin Board System. Man konnte sich das BBS ein wenig wie Videotext vorstellen – Texte und Zeichen, aus denen kleine Bilder gebaut wurden. Über Buchstaben konnte man aus einem Menü Funktionen auswählen, etwa Nachrichten schreiben oder die Mailbox überprüfen.

Das BBS gilt als Vorläufer der sozialen Medien, wenn auch mit einigen Einschränkungen. Da der Zugang beim ersten BBS über die Telefonleitung erfolgte, konnte sich immer nur ein Nutzer einwählen – für andere war die Leitung besetzt. Chatten war also nicht praktisch. Aber als Pinnwand war das BBS beliebt, und schon bald nutzten in den USA Hunderttausende Menschen ähnliche Dienste mit Namen wie »Octopus's Garden«, »Southern Pride« oder »The Cave«.

Viele blicken mit Sehnsucht auf diese Zeit zurück. »Ein BBS aufzurufen, war, wie die private Wohnung eines anderen Computerfans elektronisch zu besuchen«, erinnert sich der Autor Benji Edwards in der Zeitschrift »Atlantic«. Es sei intim gewesen, unordentlich, persönlich und tiefgründig. So wie vieles in diesem Jahr 1978.